クニ子おばばと山の暮らし

椎葉クニ子

はじめに

「太陽の神様、屋敷の荒神様、ご先祖様、
いつもお守りくださってありがとうございます」。

ばばは朝起きたら、必ず柏手を打って、神様とご先祖様にお祈りをします。太陽やお月様、山と川、庭の石ころにまで神様が宿っている——。物心ついたときから、当たり前のように手を合わせて、自然に感謝してきました。

都会の人は珍しく感じるかもしれませんが、山のなかで暮らしていると、神様や仏様、代々のご先祖様を頼らないと、生きていけなかったのです。

ばばが住んでいるのは、宮崎県の椎葉村というところ。お隣の熊本県との境い目にある、小さな小さな集落です。

四方八方、1000メートル以上の山に囲まれ、人間より植物や虫の数のほうが多いくらい、人里もまばらなびっくりするくらい田舎の山奥。

湧水がこんこんと湧き、きれいな空気を惜しみなくいただける、ばばにとっては天国みたいな場所です。どこかの学者さんは、「椎葉は日本の秘境」と言っていたけれど、その通りかもしれません。

椎葉村はその昔、壇ノ浦の戦いで源氏に敗れた平家の落人たちが、この山深い村に命からがら逃げ込んだという特別な場所としても知られているところ。

平家の落人は、村人たちと力を合わせて共に生活をするようになり、椎葉には今でも平家のお武家さんの血をひく子孫が残っています。そんな歴史の流れが長いこと続いている、不思議な土地でもあるのです。

ばばの家がある日添《ひぞえ》地区は、役場がある中心部から車で1時間以上かかる遥か山の奥地。交通は不便だし、お店などもないけれど、ばばは89年間、この椎葉の地で、厳しい時代を乗り越えて生きてきました。

戦後、食べるものも着るものも、なんにもなかったときでも、たくましく生き抜くことができたのは、５５００年前から続く農法「焼畑」のおかげです。肥料や農薬がなにひとつもなくとも、畑に火を入れることで地力が回復し、ひえ、あわ、小豆、大豆を育てられたので、飢えることなく、家族みんな生活してこられました。

山の神様が私たちに与えてくれた恵みは、これだけじゃありません。ばばは椎葉の山で生まれ育ったから、４００種類くらいの植物は知っています。

天ぷらにするとおいしい花とか、食べられる土とか、お腹が痛くなったときに煎じると効く野草など、「山に入ればごちそうだらけ。生きていくためのものは何でもある」と思っています。

ものがない時代を渡ってきたから、醤油、味噌、酒、豆腐もみんな自分たちでつくりました。新しいものを考えるのが好きで、シソの千枚漬けやゆずの砂糖漬けなどの保存食もたくさんこしらえたものです。

とにかくばばは、子どもの頃からじっとしていられない性格。

来年90歳の卒寿を迎える年になった今でも、野草や山菜採り、畑の草むしり、息子夫婦がやっている民宿の手伝いなど、一日中動きっぱなし。昼寝なんか、一度もしたことありません。

ばばは頭も顔も悪いが、仕事だけは好きで好きでしょうがない。そして取り柄といえば、植物や木の〝言い分〟が誰よりもわかること。

さあ、これから雑草のように山のなかで生きてきた「原始人おばば」の知恵を、若いみなさんにお話ししましょう。

きっと、おもしろいですよ。

2013年7月

椎葉クニ子

クニ子おばばと山の暮らし

目次

第2章

クニ子おばばは原始人

第3章 生きる知恵、無駄のない暮らし

[装丁]
後藤美奈子（MARTY inc.）

[原稿]
遠藤なつこ

[写真]
柳原久子

[イラスト]
YOSHiAKI

[DTP]
つむらともこ

[P26、27の写真]
椎葉村観光協会

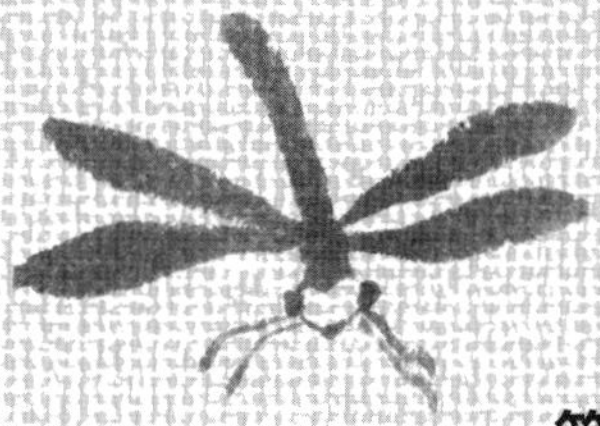

第1章

山の神様はいつもそばにいる

目には見えないけれど、
神様、ご先祖様がいつも見守ってくれている。
本当に神様なんているのじゃろうか…と
疑ってはいけないからね。

太陽、お月様に手を合わせる

みなさんは、「神様」を信じるじゃろうか。

生まれてこのかた90年近く、山のなかで暮らしていると、やっぱり自然の神様、ご先祖様が近くにおるんだろうと思います。

朝起きて、今日はぴかぴかの晴れの日というときは、まず手を合わせて、太陽にお祈りをする。そして、ご先祖様が祀《まつ》られている仏壇の前に座り、「ご先祖様、家族みんなを守ってくださり感謝申し上げます」という思いを込めて、柏手を打つ。これをばばは1日たりとも欠かしたことはありません。

お月様にしたってそうです。満月の日には月の神様が、灯りひとつない真っ暗な山を、昼間みたいに明るく照らしてくれる。

月が冴えているときは、夜でも畑で仕事をしていましたが、ぽっかりと夜空に浮かぶ、まんまるのお月様を見上げては、「ありがとうございます」と心でつぶやき、静かに、静かに、祈りを捧げるようにしています。

わざわざお墓に参らなくても、どこにいても、神、仏は思いを受けとめてくれる。だから、太陽、お月様が出ていたら手を合わせるのが当たり前になっています。

食べ物をいただくときにしても、何をおいても神様が最初です。

水やジュース、お菓子なんかをすぐに自分の口に入れず、家にいるときは庭先に、山にいるときは周りの草木にぽーんと撒きます。

ばばたちは、子どもの頃から、山には山の神様、川には水神様、家には荒神様がいると教えられてきたから、頭で考えず手が勝手に動いてしまう。

そして必ず「山の神様、水神様、屋敷の荒神様に上げ申す」と、言いながら食べ物を差し上げます。

山の仕事を継いでくれている長男の勝《まさる》も、やはり同じように、山で食事をするときは弁当でもお水でも、「山の神様、水神様に上げ申す」と唱えて、神様に差し上げてから食べる。

椎葉の人がみんな同じようにするわけではないけれど、ばばの家の者は、知らず知らずのうちに習慣になっているのだろうね。そのおかげか、山の仕事の合間に大けがをしたり、焼畑で山火事になってしまったりとか、大変なことはおこらなかったですよ。

自然から、あふれんばかりの水を、きれいな空気を、おいしい食べ物をいただいている。その恵みがなかったら、どうしたって私たちは生きていけないものね。

山の神様を驚かせないこと

山には神様がいるから、決め事があるんですよ。さあ仕事をはじめようと、いきなりクワを振りかざしたり、木を切ろうとチェーンソーで大きな音を立てたりしたらだめなんです。それまで静かな山のなかでのんびり過ごしていた神様が、突然の音にびっくりして木から落ちるそうですよ。だから、山で仕事をする前には「山の神様、水神様。今日も仕事にきたから、けがせんように守ってくれませ」と、ご挨拶します。ひとりで山に入るときも、きちんと山に向かって言います。

そうやって山の神様の機嫌を損ねないようにしていたら、ときにはよいことがある。風がなんにもないのに、木の葉が揺れてるのを見つけて、なんだろうねえと思って近づいてみると、獲物に出くわすことができたり。山では不思議なことが起こるものです。

人間だけでなく、昔、牛や馬を飼っていた頃は、お産の時期になると「無事に生まれますように」と神様が祀ってあるご神木に手を合わせてぐぁん（願）をかけていました。車がない時代でしたから、荷物を運ぶのに牛馬はなくてならなかったので、大事にかわいがっていたものです。

出産が無事に終わって元気な仔牛や仔馬が生まれたら、神様にお礼をします。差し上げるのは川や谷で集めた砂。本当は33合を供えればいいのだけれど、山の神様、水神様、荒神様は欲が深いそうですから、私たちは4升（40合）持っていきました。

おかげで牛や馬の子どもたちは、一頭も病気にならずにみんな元気に育ってくれました。

目には見えないけど、神様、ご先祖様がいつも見守ってくれている。本当に神様なんているのじゃろうかと疑ってはいけないからね。大切なのは感謝する気持ちを持つことだから。

水を飲むのも、菓子を食べるのも、
まずは山の神様、水神様に差し上げてから食べる。

人間は子をつくれば
子孫を残していけるけれど、
ご先祖様が守ってきた椎葉の種は、
ばばの家がつないでいくしかない。

森がばばの手でよみがえる

ばばたちがご先祖様の時代から、椎葉の山で暮らしてこられたのは、「焼畑」があったからです。

若いみなさんは知らないかもしれませんが、焼畑はおよそ5500年前、縄文時代から行われてきた農法で、昭和20年代までは、日本中で焼畑が行われていました。今では、ばばのところくらいしかやらなくなってしまったので、日本だけでなく世界から、学者さんや農家の方たちが勉強に来られます。

焼畑は山の一部分を焼いて、「森をよみがえらせる」農業。切った雑木やクマザサなど焼きつくすことで、栄養たっぷりの肥やしがつくられ、土が元気になるんです。

準備はおよそ1年前からはじめ「来年はここを焼畑にしよう」という場所の木々

火入れの儀式。日本で唯一焼畑をする椎葉家。
焼畑の時期には取材をはじめ全国から見学者が訪れる。

焼畑で絶対にあってはならないのが山火事。
じわじわと地面を焼いていく。

第1章

山の神様はいつもそばにいる

を、紅葉になる前の時期に切り、切り株や落ちた枝を残してまっさらにしておきます。

焼くのは8月。山火事にならず安全に焼畑ができるように、火を入れる時期を決めるのがなかなか難しい。

枝や枯れ葉がしっかり乾くように、3日間はお日様が照り、山を焼いたあとすぐに雨が降ってくれると、火が広がることがないので安心です。

たとえ天気予報があっても、椎葉の標高1200〜1300mの山のことまでは、細かくわからないですからね。やっぱりご先祖様たちがやってきたように、雲行きや鳥の鳴き声が助けになってくれます。

おもしろいですよ。奥山の山鳩が「オヤー、オヤー」と悲しい声で泣くと、必ず明日は雨だもの。それと戸を開けたままごはんを食べているときに、お尻がぴかぴか光る銀ばえがウォンウォンと入ってきたら、これまた明日は雨。

この合図が来たら「夕食を食べてから夜焼こうか」と秀行じいさんと2人で行っ

たものです。夜だとお日様は出てないし、夜露のおかげで渇きがおつる（劣る）から安全です。

今は、勝が先頭をきってやっているから、午前中にやることが多くなったけれどもね。

火入れをする前には、必ず山の神様に手を合わせます。

「これより、このヤボ（焼畑）に火を入れ申す。ヘビ、ワクド（蛙）、虫けらども、早々に立ち退きたまえ。山の神様、火の神様、どうぞ火の余らぬ（山火事にならない）よう、また焼け残りのないよう、おん守りたもう申せ」

そう唱え、お酒で清めてから、およそ1ヘクタールの山の斜面を2時間かけてじわじわと焼いていきます。山の斜面を焼きつくすことで、それまでの営みが一度断ち切られ、「新たな生命力で植物を実らせよう」という再生の力が目を覚ます。

平家の落人が持ってきたといわれる平家だいこんと平家かぶ（写真は花と種）。
わざわざ種を蒔かなくとも自生しており、
とくに焼畑をしたあとに自然に生えてくる。

森がばばの手で若返えるというわけです。

火が収まってからは、土がまだ熱いうちにすぐ、そばの種を蒔いていきます。

「これより、空き方に向かって蒔く種は、根太く、葉太く、虫けらも食わんよう、一粒万倍《いちりゅうまんばい》、千両万俵《せんりょうまんひょう》おおせつけやってたもうれ」

と実りを願って声高々に唱えたのを契機に、種をぽーんと投げるようにして畑に放っていきます。三角の形をしたそばの種は、角っこのどこかが土に当たればそこに根を張り、焼け灰の力だけで簡単に芽を出します。だから、そばは人間に言うとです。

「きれいに畑を耕さなくても、ちゃんと生えるよ。だから俺が端《はし》かくすより、お前が恥《はじ》かくせ」ってね。

そばがすごいのはたったの75日、２ケ月半で食卓にのぼる成長の早さです。８月に種をおろすと、11月には収穫できてしまう。焼畑でつくったそばは味が濃くて、それはすばらしい出来栄えですよ。有名な百貨店さんから、「ぜひわけてほしい」という話も来るけれど、たくさんはつくれないから簡単にはいきません。

焼畑でつくる作物は決まっています。

１年目がそば、２年目がひえ、あわ、３年目が小豆、４年目が大豆。そのあとは、種を蒔かず、畑はいったん山にお返しします。そして次に焼畑をするのは、20年〜30年後。それくらい長い期間をおかないと、地力が回復しないため、無肥料、無農薬で作物がつくれません。

「千年こばち」といって、千年経っている山を焼畑にしたら、農作物が太るといわれているので、長い年月を置けば置くほどいいんでしょうね。

昔の人がやってきたことには、本当に間違いがないですよ。

どれだけ便利になって、ロボット、コンピューターの時代になっても、人間が月の世界に行く時代になっても、5500年前の農法をぴしゃっと守っていかないと、だめですから。

種をつなぐ

かれこれ66年、ばばがここに嫁にきてから1年も絶やさず焼畑をしてきたのは、そば、ひえ、あわなどの「種のこと」を思っているからです。

もし種を切らしてしまったら、日本全国どこを探しても手に入れることはできないですからね。

「適地、適作」というように、東京の畑に合う種、椎葉の山に合う種は違います。

ひえなんかは、イノウビエ、オソヒエ、ケビエ、クロヒエ、シロヒエという5種類の種を混ぜています。一種類しかないと、だめになったら終わってしまいます。

ご先祖様が守ってきた種を途絶えさせないように、今となっては誰もしない原始時代の農法を、凝りもせずやり続けている。バカと一緒。でもやめてしまったら、種はこの世から、いっさいなくなってしまう。人間は子をつくり、孫を育んでいけば種は残していけるけど、この椎葉の焼畑の種は、ばばの家がつないでいくしかない。

10年以上前にばばは現役を退いて、今は息子の勝が主となって、焼畑をやってくれています。時代が移り変わっても、なんとか後を継いでいってほしいものです。

おばばの知恵

- 奥山の山鳩が「オヤー、オヤー」と悲しい声で泣いた翌日、お尻がぴかぴか光る銀ばえがウォンウォンと入ってきた翌日は雨。
- どんなに便利な時代になっても、5500年前の農法を守っていく。
- ご先祖様が守ってきた種は絶対に途絶えさせない。

大きな災害によって、食べ物が
行き渡らないことがあっても、
ひえさえあれば、なんとか世渡りできる。

ひえは備えの食糧

ばばの生まれは大正13年。

それはもう激動の時代を生きてきました。昭和16年に大東亜戦争がはじまり、昭和20年に終戦を迎えた頃には、日本国中が食うもの、着るものがまったくなくて、国民全体が途方に暮れていました。

当時、ばばは21歳で実家暮らし。椎葉村ではそこかしこで焼畑をしていましたから、どの家もひえ、あわといった雑穀をつくっていたので、なんとか食いつないでいくことができました。

たとえお金を持っていたって、店に行けども買えるものがまったくないので、自分たちでつくるしかありません。

あるとき、大分県からお医者さんがわざわざ山奥の椎葉にまできて、地主さんに土地を借りて、人を頼んで焼畑をしていました。戦争のあとさきは焼畑をしないと、みんなが生きていけなかったのです。

焼畑でできる雑穀のなかでも「ひえ」は、100年でも何年でももつため、備えの食料として重宝しました。

山が多い土地柄、田んぼは山の湧水でつくるのだけれど、ホースなんてない時代は、雨が少ないと水が足らなくなってしまう。うちでも5反の田んぼで15俵の米しかとれないことがありました。

椎葉では、飢饉に備えてひえ専用の倉があって、伝統的にひえなどの雑穀を大切にしていたおかげで、飢えることなく暮らしていけたのです。

ばばの家の倉にも、今でもひえが保存してありますよ。

平和で便利な世の中になったといっても、これから何が起こるかわかりません。大きな災害によって、食べ物が行き渡らないことがあっても、ひえさえあれば、なんとか世渡りできます。

粒は小さいけど、雑炊やおかゆのようにすると、増えてお腹をふくらませてくれる頼りになる穀物なんです。

昔は冬の時季、正月の前までに「ひえこうかし」といって、１年分のひえを脱穀するために乾燥させます。竹で編んだ籠に殻がついたままのひえを均等において、下から火にかけていく。

燃料は樫の木やシロモジなど、ちょうどいい太さの材木を使います。炎が高くのぼる木は他に燃え移ったりして危ないので、燃料選びは慎重にしないといけません。木が足らなくなったからといって他の材木を使い、ぼや騒ぎになっていた家もありましたよ。

茹でるやり方もありますが、火を使ったほうがひえの香りが残っておいしいのです。火にかけたあとは、ゴミなどを取り除き、シートに広げる、などの細かな手作業を繰り返して、乾燥させます。

「ひえこうかし」をしておけば、もみは１００年でも２００年でも保存できます。

ただし、食べるためには、「ひえ搗き」をして殻をとらないといけないので、昔は唐臼を使い、多いときは5人がかりで搗いたものです。

1年分のひえを搗くわけですから、そりゃあ大変でした。椎葉では「ひえ搗き節」という民謡がよく知られているけれども、昔は唄いながら曲の調子に合わせて搗いていたんだろうね。

今は脱穀機を使うようになったから、随分と楽になりました。

機械もなんもない時代から、どれだけ手間がかかっても、食べ物を切らさないようにする備えは、欠かさず続けてきました。

これから先も、ひえ倉が空っぽになることはないでしょうね。

古の人たちが、自然と向き合いながら
つくりあげてきた
季節の巡りに合わせた暮らしには、
嘘がないとばばは思います。

旧暦で自然と暮らす

ばばが変わらず続けていることといえば、「大寒《だいかん》の水」を毎年一年分汲み取っておくことです。

いわゆる「寒」は、小寒《しょうかん》から大寒（1月6日頃から2月3日頃）の一年で一番寒い時期。

「九州の北海道」なんていわれている椎葉の冬は、雪深く、骨身にしみる寒さです。厳しい季節だからこそ、力のある清らかな水が湧き出るのでしょう。寒の水は、お酒や醤油、味噌をつくるときもよく使われてきた、日本人にとっては特別な水。

30ヘクタール近くある、ばばの家の山々には、山の神様、水神様のおかげで申し分ないほど、寒の水をいただくことができます。

毎年、ペットボトルに汲んでおき、山で仕事をするときに飲んだり、お客さんたちにおすそわけしたり。寒の水は雑菌がほとんどないきれいな水なので、蓋を開けなければ、何年でも腐ることがないですよ。疲れているときや、風邪をひきそうなときに飲むと、やっぱり元気になります。

正月の行事

山の水、作物、恵みをいただかないと、生きていけなかったばばたちは、昔ながらの風習を長いこと、大切にして暮らしてきました。

たとえば、お正月の過ごし方なんかは、今の人から見たら珍しいでしょう。まず元旦は「若水汲《わかみずく》み」をします。年が明けて、最初に汲む水が「若水」。この水でお茶を煎れて、オカン（正月だけは芋のことをそう呼ぶ）を炊いて、仏壇にお供えして、ばばたちもいただきます。

そして、元旦は外出せずに、家で一日静かに過ごすのがしきたりです。人間だけでなく、ゴミも外に出してはいけないので、集めたら家の隅に集めておく。

また、箪笥から衣類などのものを出すのもいけないので、前もって着替えを箪笥から出しておいたり、音をあまり立てずに、穏やかに新年を祝うのが、ばばの元旦です。

翌日の2日は「仕事はじめ」で大忙しです。「若木切り」といって、農作業で使うナタやクワの使いはじめとして、お祝いをします。家の主は早朝に山に行き、万《まん》年暦《ねんごよみ》を見て、その年、その日の恵の方向に植わっているまっすぐに伸びたフユシバ(椿)、カジなどの木を切って庭に挿します。

それから、とび米をつけたユズリハを田んぼに刺して、クワを使って土をよせます。これがばばたち農民の仕事はじめです。

家でも包丁の使いはじめ、ほうきの使いはじめ、子どもたちは書き初めをするなど、家族みんなが年明けの最初の仕事にとりかかるのです。

3日は外に出ずに家の仕事をする日で、4、5日は年始回りをして、正月の「五《ご》日間《かんにち》」が終わり一段落します。

６日は「モロメギ祝い」といって、家の中と外に飾っておいたユズリハにモロメギ（いぬがや）の葉とダラ（たら）の枝をつけます。これは悪魔祓いの意味があるそうなんです。

モロメギにまつわるおもしろお話がありますよ。

昔、家の外にあった五右衛門風呂に若い娘が入っておったそうです。そこに、どこからか鬼がやってきて、風呂ごと持ち去って行こうとした。娘は「このままでは鬼にさらわれてしまう」と思い、ふと見上げると、ちょうど手が届くところにモロメギの木があったので、両手で枝につかまりぶらさがったそうなんです。鬼は気づかずに誰も入っていない空っぽの風呂だけを持っていった。娘はモロメギによって助けられたということで、１月６日はお祝いします。

ばばは子どもの頃から大人たちが話しているのを聞くのが好きだったので、古くからある風習や昔話は、誰に習うというわけでなく、自然と覚えていました。

吉方位や日柄も大切

昔の人たちは、春夏秋冬、季節の巡りに合わせた暮らしをしていました。基本となる暦は旧暦。

猟師さんと百姓は「旧暦」じゃないと、魚を捕ったり農作物をつくったりするのに、時期が合わないですからね。

夜の時間が一番長くなる「冬至」や、反対に昼が長くなる「夏至」など、旧暦はちゃんと季節の流れに沿っているから、自然の中で仕事をするばばたちにとっては、なくてはならないものでした。

たとえば、3月3日の「おなごの節句」は女の子をお祝いするお祭りであると同時に、百姓はこの時期あたりから、苗をつくるために田んぼを代かきし（植えるために田を整備する）種を蒔きます。

新暦の3月3日だとまだ霜が降りているので旧暦で考えないとだめ。新暦だと4月10日前後になります。

焼畑にひえを蒔くのは、ぶなの木が峠を越える頃と昔からいわれていました。ぶなの木の葉が峠を越すくらい青々と生い茂る時期は、旧暦の4月ぐらい（新暦だと5月12日頃）。気候によって変わる植物の様子を見ながら、時期を決めていたのでしょう。

「夏も近づく八十八夜」という歌の通り、新茶を摘むのは八十八夜の頃。立春から数えて88日目のことで、新暦だと5月2日頃をいい、このときに摘むお茶が上等品になります。

焼畑をしてからそばの種を蒔く時期は「土用の丑の日」を目安にします。新暦の場合、8月13日前後です。

「丑の日」が暮らしの要所、要所で大事になっていて、たとえば味噌とお酒をつくるとき、自分の干支の日と丑の日は避けなくてはいけません。ばばの干支は子《ね》なので、高島暦や万年暦（日の吉凶や吉方位などが書かれた暦）を見て、子と丑の日以外で味噌づくり、酒づくりをしていました。

他にも、山で木を切る場合、暦を見て東が「ふたがり」（塞がりの前の言い方。凶方位の意味）の場合には東側の山には手をつけないようにして、他の方角の山の木を切るようにしていました。

結婚式など人生の節目となる祝い事を行うときも、吉方位を用いていました。「〝ふたがり〟からは嫁をとってはいかん」と言われていたので、お嫁さんの住まいが「空き方」（災いがおきない方角）の年と日がいつかを見て、よい日取りを決めていきます。それを守らないと良縁を結ぶことができなくなるんですよ。

また、正月と5月、9月は「きらい月」と呼ばれていて、この時期に家を建てたり増築をしたりするのはよくない。家は暮らしの基本だから、建てる前は神主さんにお祓いをしてもらって、清めてから工事をはじめます。

古の人たちが自然と向き合いながらつくりあげてきたものには、嘘がないとばばは思いますよ。ぴしゃっと守ってきたからこそ、大きな災いもなく、これまで過ごせたんだろうと思います。

おばばの知恵

・「大寒」の日に1年分の水を汲み取る。

・元旦は外出しないのがしきたり。ゴミも外に出してはいけない。

・「丑の日」が暮らしの要（味噌と酒づくりは丑の日と自分の干支の日を避ける）。

・5月と9月の「きらい月」は新築や増築を避ける。

ばばは89年間、神様を頼りにしながら、
季節に合わせた暦を用いて、
自然とともに暮らしてきました。

自然にあらがわない

昔の人たちの苦労や汗によって培われてきたさまざまな知恵で、ばばたちは随分助けられてきたけれど、大雨が降ったり、嵐になったり、お日様が照らなかったりと、自然の神様の機嫌は、なかなか人間が思うようにはいきません。

百姓にとって天気はどうしても気になるものです。作物が育つ時期に、朝から晩までお日様が照って、雨露が一滴も落ちてこないと、困ってしまうものね。

ばばが住んでいるところは「日添《ひぞえ》」と呼ばれていて日影が多く、向かい側の南に面した「日当《ひあて》」は日差しが強く日照時間も長い。

日当は日照りの被害が多かったので、雨が長い間降らないと、日当の農家から「雨乞いそようや（しょうや）」と声がかかります。そうすると、98戸ある家から1人ずつが参加して、雨乞いをするのです。

場所は標高1600m以上のところにある御三池。御三池は平家の落人が、追っ手に殺されるなら自害しようと、自らの命を絶ったという歴史ある池です。

ここで大人も子どもも裸足になって、唄を歌いながら祈りを捧げて雨乞いをしました。帰る途中の川で泥水を洗い清めていると、ほんとに雨が降り始めるんですよ。必ずその日のうちに降る。あれは不思議でした。「よかった、御三池にいって雨もらった！」といってみんなが喜びましたよ。

反対に雨ばっかり降って、農作物を傷めてしまいそうなときは、私たち日添のほうから「日より申し」をやらないかといって、日当の人たちに声をかけます。「日より申し」をするのは白鳥神社（向山神社）。平家の落人が祀られてあり、冬の祭り「神楽」をする由緒ある神社です。

雨乞いのときと同じように日添、日当の98戸の住民たちが集まって、お日様が出ますようにと、柏手打って拝んだものです。そうしたら、やっぱり天気になりました。

いかなる自然の神様も、人間ごときでは動かすことなんてできないのでしょうが、昔の人は今のように気象情報なんて知ることができなかったら、祈るしかなかった。そして、きっと神様のご加護があると信じていました。

「雨乞い」や「日より申し」をやっていたのは、ばばが子どもの頃まででした。集落のみんなでぐぁん（願）をかけたら、本当に天気が変わるから、そりゃあ、おもしろかったですよ。

風の神様にも感謝する

秋の収穫に向けて農作物が立派に育つよう、「天候に恵まれますように」とお願いするだけでなく、時季に合わせて神様にお供えをすることがありました。

旧暦の4月4日と7月4日は「風どき」と呼ばれる風の神様の日。

この日になると主人の秀行じいさんは、二つに折った半紙に「風の神様」と自分の名前を書いた「風ばた」を庭の立木にくくりつけて、お祈りしていました。

「風どき」の日は、たかきび、米、トウモロコシといった穂が高く風に当たる作物の仕事をしないほうがいい。その日は風に合わない里芋やからいも（さつまいも）など地面に埋まっている作物の手入れをするようにしていました。

また、旧暦の7月19日は「虫どき」といって、作物が虫に食われないようにお願いする日。

お寺からもらってきた念仏が書かれた半紙にシロメ（メダケ）を挟んで、畑に立てていました。農薬がない時代だったから、大事なひえやトウモロコシが虫に食われないかやきもきしていた。

風が強い季節の「風どき」や真夏の「虫どき」は仕事を休むこともありました。百姓は日曜日が休みというわけではないから、休息の日をあえてつくったのかもしれないね。

神様を頼りにしながら、季節に合わせた暦を用いて、自然とともに暮らしていた時代でした。

おばばの知恵

・旧暦の４月４日と７月４日は「風どき」と呼ばれる風の神様の日。
・旧暦の７月19日は「虫どき」。作物が虫に食われないようお願いする日。

背筋が凍るような怖い迷信は、
山は里の暮らしと違って危険が多いので
気をつけるように、
という教えかもしれんね。

ご先祖様からの言い伝え

ばばが山に行くときに必ず持っていっていったのが「針」。

というのも、こんな迷信が昔からあるからです。

山のなかで男と女が逢う約束をすると、どこかでヘビが話を聞いていて、待ち合わせの場所に化けて現れるそうです。

たとえば女が先に約束の木の下にいたら、「待ったかいなあ」とやってきた男はヘビ。反対に男が先に来て、「お待たせしました」と来たのは女の姿をしたヘビだった。

もし、人間の女が、ヘビに化けた男だと知らずに恋仲になってしまったら大変ですよ。一夜を過ごしたらヘビが体に入ってしまう。そうなったら、ヘビを外に追い出すため「針」で一刺しして逃げて追い出しなさい、と教わったのです。だから、山に行く時は、着物に針を刺して常に身に着けていましたよ。

女に化けたヘビは着物の裾からしっぽが出ているので、人間の男は刃物で退治する。山のなかで待ち合わせをしたら危ないからいかんよ、という教えなのかもしれません。

それと、手袋がない時代だったから、山の仕事をしているときに、指に何かが刺さったときに、針があればとることができるだろうし。

まだまだ不思議な話があって、山には、神様だけでなく見た目も恐ろしい山女がいるそうです。

あるとき男が山を歩いていたら、一陣の風がぴゅーっと吹き、かぶっていたばっちょ笠（竹で編み込んでいた笠）が飛ばされてしまった。

慌てて追いかけたら、行く先から髪の毛を振り乱し、おっぱいをだらんとたらした山女が「ヒャッ、ヒャッ」と笑って近づいてくる。

恐ろしい形相をしたその山女は吸血鬼で、笑っているときには、すでに生血を吸われてしまっているそうですよ。だから、ばっちょ笠が飛んでしまっても、決して取りに行ってはいけないのです。

草履などの履物も同じです。

川を渡ろうとしたときに、片方を流されてしまったら、追いかけていかないこと。そのときすでに水神様に目をつけられているから、もう片方も流してしまったほうがいいそうです。教えを守らないと、水の中に引きこまれて命を落としてしまいます。

それと、山のなかで、誰が呼びかけているのかわからないのに「おうい」という声が聞こえたときに、「おうい」と返事をしてはいけませんよ。

そうすると、負けじと「おうい」と返ってきます。それを繰り返していると、いつの間にか呼び寄せられて命をとられてしまうそうですよ。

こんなことが本当におこったのだろうか、迷信なのかわかりませんが、子どもの頃から実家の両親やおばあちゃんに聞かされてきました。

山は里の暮らしと違って危険が多いので気をつけるように、ということかもしれませんね。おもしろおかしい話や背筋が凍るような怖い話のほうが、人は覚えるから。

山のなかでは生き物の呼び名にもきちんとした言い方があって、「河童」は「川の者」、「さる」は「山の青年」と言い換える。どうしてなのか理由はわからないけど、動物たちを敬う気持ちを持つようにということでしょうか。人間ばかりが偉いわけじゃなくて、同じように自然の動物だからね。

近頃はヘビがいなくなった

ばばは東京や大阪なんかの都会にも行ったことあるけれど、やっぱり山暮らしが一番好きですよ。ここらへんは冬は雪がどっさり降るけれども、春になれば山菜が芽吹き、桜がいっせいに花開きます。

どの山も標高1000m以上だから、夏は木陰に行けば暑さをしのげて汗もぱっとひいていく。

そして、一番気持ちが高ぶる季節は秋です。苦労して育ててきた作物が実り、収穫するのは、うれしいものね。

ばばこの山で生まれ育って90年近く経つけれど、自然は少しずつ変わってきてるのかもしれない。

とくに感じるのは、最近、ヘビが少なくなったということ。昔は山に行く途中になんぼでも見たけれど、すっかりおらんようになった。マムシは噛みつくから気をつけなきゃいけないけれど、普通のヘビはなにもしません。

それと、近ごろは、鹿やイノシシがよく山に下りてくるようになった。収穫前の作物を食べ尽くされたりして、私たちも困っています。

国の政策で木の実がならない杉やヒノキを植えたので、すっかり食べ物がなくなってしまったから、動物たちもかわいそうです。

息子の勝が金網をつくって畑の周りを囲っても、鹿が隙間から入ってきてしまう。親鹿は自分が柵にはまって倒れても、なんとか子どもだけでも中に入れて食べ物を与えようとして、必死です。

勝は「動物を殺して退治するよりも、共存していかなきゃならん」といって、イノシシの大好物である栗の木を4ヘクタール分植えました。そうしたら、見事に効果があり、栗をふんだんに食べられるようになったイノシシは、私たちの畑には来なくなり、被害は減りました。

もともとは人間のせいで、生き物たちの暮らしを変えてしまったのだから、なんとか直していかないといけない。

「昔は豊富だった山の水も最近は少なくなっている。それは、保水力が少ない常緑樹や針葉樹をたくさん植えてしまっているから。ひのきと杉の植林をなんとか減らして、山に合った木を増やしていきたい」と勝は活動してくれています。

日本人が守ってきた山の恵みを次の世代につなげないような事態になったらと、ばばも気が気じゃないです。

第2章

クニ子おばばは原始人

山の恵みと塩さえあれば生きていける。
でも、手づくりは何でも
手間がかかりますよ。
今は指動かさんでもお金さえ出せば
手に入るけれど。

しぶとく使い切るばばの知恵

ものがない時代に、食べ盛りの子どもたちを育てるためには、知恵と工夫の力を借りないと、暮らしていけませんでした。

山のなかでは塩さえあれば、何があっても生きていける——。

塩と焼畑でつくった大豆で、日々の食卓に欠かせない味噌、醤油、酒、豆腐などをこしらえてきた両親を見て、いつもそう感じていました。

ですから、戦後、食糧難のときでも、「食べるものに困らんだろうか」と心配することはなかったですよ。手に入らなければ、あるものでつくれれば、何とかなると大らかな気持ちでいられました。

（右から時計回りに）イタドリの酢漬け、シソの砂糖漬け、
ぜんまいの酢漬け、梅の三杯酢漬け、ウドの三杯漬け。

おばばのレシピ

エゴマの千枚漬け

木製の豆腐箱に塩をふったシソを敷き詰め、手で軽く押しつけるようにして水分を出してから、また塩をふったシソを重ね、これを何度か繰り返す。重石をのせてひと晩置いたら、適度な大きさに切り竹の皮に包む。酢、砂糖、カビ防止のための焼酎を入れた汁に漬け、３ケ月ほどで出来上がる。

おばばのレシピ

大豆の梅酢漬け

大豆を一昼夜水に浸けて戻したあと、柔らかくなるまで蒸す。梅干しの漬け汁を保存容器に入れて、そこに網袋（みかんが入っていた網袋）に入れた大豆を漬ける。梅干しの漬け汁に漬ける。１年間保存可能。

野菜や山菜は塩漬けにして保存し、一年中常備していたので、何かしらごはんのおかずはありました。

保存食をつくる習慣は今でも変わらず、〈エゴマの千枚漬け〉や〈ゆずの砂糖漬け〉、〈ウドの三杯漬け〉など、〝ばばの新発売〟と題して、「こんなのつくったらみんなが喜ぶやろうか」と考えるのが楽しみです。

実が崩れた梅干しを使った〈シソの砂糖漬け〉、梅干しの漬け汁を捨てるのはもったいないからと考えた〈大豆の梅酢漬け〉など、どんなものでも無駄にせず、しぶとく使うのがばばのやり方。

椎葉では〈ゆずこしょう〉を自家製でつくっている家庭が多く、私も粉末にしたトウガラシに、辛みを和らげるために乾燥させたゆずの皮や柿の皮を入れるなど、工夫していました。

保存食をつくる際は、分量を細かく量ったりしませんよ。

昔の人は「あたってくだけろ」の精神で、自分の舌を頼りに料理をしていました、今のように機械がある時代ではなかったので、〝自分の手と舌〟が唯一の道具です。失敗してもいいので、自分でやってみることです。

他人がつくったものに「これはまずい」と文句をつける前に、実際に自らの手を動かし、こしらえてみれば合点がいき納得できますから。

植物や自然に合わせて仕事をしないと「しんどう損のくたびれもうけ」といって、労をかけても無駄になるだけ。時季を見極めるのは、とても大切なことです。

何の仕事でも楽なことはひとつもないよ。

ワラビ、ゼンマイ、ウドなどの山菜はワタをとったり皮をむいたりするのにも時間がかかり、作業をしているとあっという間に手が真っ黒になります。今や秀行じいさんもいないし、誰もばばの手を見る人はおらんだろうけどね。

今は飽食の時代でお金さえ出せば、指動かさんでも何でも手に入るし、スーパーにいけばサラダだろうと天ぷらだろうと簡単に買えるけれど、すべてが湧水のように自然に生まれてきたわけではありません。

ウドの三杯漬けの下ごしらえ。皮をむいたウドを、ひと晩、流水にさらし、軽く茹でたあと、食べやすい大きさに切り、酢、砂糖、焼酎の汁に漬ける。

第2章

クニ子おばばは原始人

一日中休むことのないおばば。
山菜や野草を摘んで下ごしらえ。

庭に咲く藤の花房も、採り色鮮やかな天ぷらに。

何でも誰かの〝手〟によってつくられている。だから、食べるものを粗末にする人は一生貧乏するよ。

口に合わないものがあっても、炊きなおしたり、焼いたりすれば、ちゃんとおいしくなりますから。ものを大切にし、どんなときでも、知恵を使えば暮らしはどうにでも豊かに変わっていきます。

おばばの知恵

・自家製のゆずこしょうをつくる際には、粉末にしたトウガラシに、乾燥させたゆずの皮や柿の皮を入れると辛みが和らぐ。

おばばのレシピ

ゆず酢

ゆずの搾り汁に塩を入れ沸騰させたあと粗熱をとる。そこに砂糖と五杯酢を加える。ゆず酢は香りのよい調味料としてさまざまな料理に使えて便利。

シソの砂糖漬け

梅干しをつくる途中の段階、赤シソを入れた直後の梅干しのなかで、実が崩れたものを取り出し、シソの葉にひとつひとつ巻いていく。それを保存容器に並べ、上に白砂糖をシソの葉が見えなくなるまでまんべんなくふりかけたら、再び梅干しを巻いたシソを上に重ねて並べていく。これを繰り返す。一週間ほどで食べられる。

おばばのレシピ

野草の天ぷら

野草は山のつゆで汚れが落ちているので洗わずに使う。洗って水分を含ませると水っぽくなってしまいます。卵、小麦粉、水、塩を軽く混ぜ合わせた衣を野草につけて、からっとあげる。サクサク感が大切なので、天つゆにつけずにそのまま食べられるよう、衣に入れる塩は少し多めでもよい。

第2章

クニ子おばばは原始人

自宅の裏山にある椎茸の原木。
エプロンいっぱいに採れる椎茸はすべて天日干しに。

ケガをしたらヨモギを当てれば
すぐに治ります。
近くに生えてなければ
唾をかければいい。

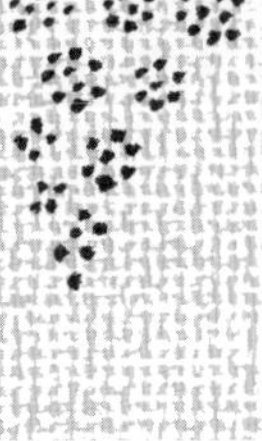

原始人おばばは病院知らず

土をおこしたり、木を切ったり、火を放って焼畑したりと、山の仕事は体が主役ですが、ばばはケガをしたときでも病院に行ったことなんてないですよ。山には食べるものだけでなく、薬がたくさんありますからね。

一番使い道があるのがヨモギです。

山で仕事をしていたときに、カマが手に当たって大けがをしたことがあったのだけれど、ヨモギを自分の唾液をかけながら揉み、それを傷口に当てて、綿おり（手ぬぐい）を引き裂いてくびっておいた。ヨモギが痛み止め、血止めになってくれて、そのまま田んぼの草取りをしても平気で、家に帰る頃には痛みがすっかりおさまっていました。

ケガがひどいときは、アカマツの子ども、ヒヨコマツの皮をはいで傷に当ててお

けば、大ごとにならずに済みますよ。

ちょっとした傷ならツバをぺっぺっとかけておけば充分。まさしく原始人おばばらしい、治療法じゃろう。

ついこの間も、口の中が荒れてなかなか治らなかったときに、ヨモギ茶を飲んだらすっかりよくなりました。やっぱり野草はすごい力をもっているからね。

ヨモギは春と秋に手で摘み採って、3～4日天日干しにしてから大鍋で煎っておき茶パックに入れて保存しておきます。

旬の時期は採りたてを天ぷらにしたり、餅に入れたりして、香りが楽しめるので、ヨモギは本当に万能です。

ほかにも山には薬になるものがあふれていて、打撲をしたときは、カワショウブをお風呂に入れるといいですよ。リュウマチや神経症の人には煎じたヘクソカズラ、お腹が痛いときは、乾燥させたセンブリをお椀に入れてお湯を注いで飲むと、すっかりよくなります。

胃腸薬として有名なゲンノショウコは、〝言より証拠〟でお腹が痛いときでなくても、ばばはいつでも飲んでいます。だからか病院で検査しても「悪いところが全然ないですよ」とお医者さんから言われ、ぴんぴんしております。

ゲンノショウコのような薬草は土用の丑の日に収穫すると、薬効が高いといわれているので、その時期に採り、陰干しをして、一年中煎じて飲めるように常備してあります。

山には食べられる土もあるんですよ。

いもご土といって火山灰が入った柔らかい土でじゃりっとし、食感はあまりなく、きな粉のようです。

昔飢饉のときはソバにまぜて食べた地域もあったそうですよ。家の庭先や山一面に生い茂る野草や花々は、私たちの〝お医者さん〟の役割を果たしてくれるだけでなく、立派なごちそうにもなります。

専門家や学者に、その山・植物の知識の深さから「クニ子博士」と呼ばれるおばば。

「これはいもご土といって、食られるたい」と掘り出した。

緑に輝く三つ葉、スギナ、ノカンゾウ、そして紫に色づいた山藤の花やつつじ、たんぽぽも天ぷらにするとおいしいですよ。

種を蒔かないでも自然と芽吹いて、肥料をやらんでも元気に育つ野草は、人間にも同じような力を与えてくれるのかもしれんね。

おばばの知恵

・ケガをしたらヨモギに唾液をかけ手でもんで、傷口に当てる。
・ヨモギを天日干ししてお茶、天ぷら、もちに活用する。

洗剤はめったに使わない。
あれは〝薬〟じゃないけ。
原始に近い暮らしが山への恩返しになる。

おばばと秀行じいさんがはじめた「民宿焼畑」(今は息子夫婦が運営)。夕御飯時にはおばばが挨拶し料理の説明をしてくれる。

おばばが常備している大寒の水。お客に渡すことも多い。大寒の日に汲んでおいた水はフタを開けなければずっと悪くならない。

水神様からいただいた水

山を歩きながら、野草を採って食べたり、花を眺めたり、いつでも自然の恵みに囲まれて、ばばはありがたいなあと感じています。

自然からのいただきものを、孫やひ孫、その先の代までつないでいくために大事に守っていかないとという思いは、常に抱いていますよ。

ばばのうちは、私と息子夫婦と孫の4人暮らしですが、民宿『焼畑』を営んでいるので、お泊まりのお客さんが大勢くることがあり、台所が食器でいっぱいになります。ただし、食器を洗う際、洗剤はほとんど使いませんよ。

あれは〝薬〟じゃないけ。汚れた食器はぬるま湯につけたあとスポンジで汚れを落として、洗い流せばそれで充分。

揚げ物などの油ものをのせたり、刺身、焼き魚など魚の生臭さがついているときのみ、少しだけ洗剤をたらして、洗っていきます。水神様からいただいた大切な水を、化学薬品で汚して、自然にお返ししてはいけないからね。

昔は田植えのときは、手伝いに来てもらう大勢の方にお茶を出すためたくさんの湯呑を用意し、使う前は大きな鍋に木灰と湯呑を入れて沸騰させると、すっかりきれいになりました。同時に消毒の役目も果たしてくれます。木灰はたいていの汚れを落としてくれましたのでとても使い勝手がよかったのです。

ばばの実家のお父さんなんかは、使ったお茶碗やお椀を私たちに洗わせませんでしたよ。当時、若い女たちの間で手につけるクリームが流行っていたので、「化粧品の匂いがつくのが嫌だ」というのが理由でした。お父さんは卵や刺身など、生ものはいっさい食べず、野菜と雑穀ごはんが中心の食生活だったので、生臭い匂いがつくことがなく、洗わなくてもよかったのでしょう。食事が終わったらそのまま御膳箱という食器を入れる箱に入れておりました。

原始おばばのお父さんらしい暮らしぶりですよ。

それと、ばばたちは昔からあまり風呂などは入りませんでした。とくに真冬は湯船につかると湯冷めして風邪をひいたり、体力のない老人は、かえって体を壊してしまうことがありますからね。農作業などで土まみれになったときぐらいに、入るのが習慣でした。

重い荷物を運ぶなどの力仕事をするときや、遠い道のりを歩くなど体力を使うときは、湯船につからんほうがいい。そうすると力が入らない。昔の人が言っていることは、理にかなっていて間違いがないので、ばばは今も守り続けています。

おばばの知恵

・食器を洗う際、油ものや生魚を食べたとき以外は洗剤を使わない。
・力仕事をする前に湯船につかると疲れやすく力が出ない。

学校に行かずとも、
働き者の両親のおかげで、
生きていくための術、へこたれない
たくましさを教えられました。

ものがなければつくる

平家の落人たちが、源氏の追手に見つかるまいと、山の奥へ奥へと逃げ込み、ようやくたどりついたのが椎葉村だとお話ししましたが、それほど山深いこの場所は、今でも車で1時間以上走らないと生鮮食材が買えるお店はなく、風邪をひいた、腰が痛いからといってすぐ近くに病院はありません。

そんな人里まばらなところに生まれ育ち、嫁いだ先も同じ地域。幼い頃から「ものがないならつくるしかない」と誰もが当たり前に思っていたので、振り返ってみれば人生のほとんどが自給自足の生活でした。

暮らしは大変でしたが、子どもの頃から90歳近くなる今でも変わらず、山に行くのが楽しいし、どこからか飛んできた種が庭先に芽を出し、花を咲かせる姿が愛おしくてたまりません。

山はたくさんの贈り物をばばに与えてくれました。

母から教わった山の言い伝え

ばばは５人姉妹のちょうど真ん中で、家にじっとしていられないおてんば娘でした。両親は焼畑などで作物をつくっていましたから、山へは毎日のように出かけていきました。ときおりお母さんはひとりで仕事をすることもあり、おそらくさびしかったんでしょうね。ばばが小学校３年生になる頃から、よく一緒に連れていってくれました。

夏休みになると朝から晩まで手伝いをし、疲れたら「よこおうか」（腰を下して座ること）とひと休みをしながら、お母さんがいろんな話をしてくれました。植物のこと、山の神様のこと、畑仕事のこと……。その時間が楽しくて、楽しくて、無我夢中で聞いていたのを覚えています。

お母さんは明治時代の寺子屋世代の人でしたから、行けばよし、行かねばよしで、勉強はほとんどせず字も知らなかった。けれど働き者だったので、山にまつわることは何でもよう知っており、生きる術が長けておりました。

たとえば、「5月の節句にはヘビイチゴを食べれば流行病にかからんから」と毎年のように言っていました。

旧暦の5月5日は、新暦だと6月13日頃。

真っ赤でブツブツの皮をとって中の実だけを食べました。おいしいというほどのものではないので1個で充分。それを年1回、この時期に食べるだけで、「やんめ」という目の病気や、「ほうばれ」という頬が真っ赤になる病、赤痢などの伝染病にかからないそう。向山地区の98戸のほとんどで流行っても、うちは誰も患いませんでした。

これぱっかりは迷信じゃないもんねえ。

言われた通りのことをしたら、何にも悪いことが起こらないんですから、不思議に思うばかりです。

また、山に入って生まれてはじめてワラビを見たら、摘み採って両足にこすりつけると、ヘビに噛まれることがないといわれています。

というのも昔、ヘビが穂の高いススキに引っかかって身動きがとれなくなったそうです。そこにちょうどワラビが勢いよく芽吹き、ヘビが突き上げられ助かったということから、ヘビにとってワラビは救世主。

「こうかの下のカギワラビ　昔の恩を忘れたか　ヘビもトカゲもカエルも食べんように守っておくれ」と言いながら、ワラビを足に当てたものです。ワラビを初めて見たときの１回きりで一生分の効果があるわけですから、すごいですよ。


山に行けば行くほど、植物についての興味はどんどん湧いていき、標高１２００〜１３００ｍの山深いところにはヤマオンバクやイタドリ、１０００ｍ前後には三つ葉、ふき、山百合などが生息するなど、「植物は土地を知っとって生える」ということを、知らず知らずのうちに覚えていきました。

山を歩けば名前も素性も知らない植物はほとんどなくて、数えてみたら400種類以上。どんな場所に好んで生えるのか「植物の言い分」が、よくわかっていたので、作物を育てるのが得意になっていったんだろうね。

食べられる草、食べられない草の見分け方は、「虫が食っているかどうか」です。山フキの葉っぱなんかを見てみると、たくさん虫に食われているでしょう。だから人間が食べてもおいしい。虫が食べるものは毒ではないのです。

農薬を使わなければ、人間の目で毒があるどうかをちゃんと見分けられる。毒をもった植物は、畑の横に植えると虫除けになり、害虫を防ぐために使うこともありました。

働きながら生きる術を学ぶ

ばばの実家は女ばかりの家だったので、男並みにどんな仕事でもしました。

お父さんは椎茸やお茶、生活用品などを運搬する「駄賃付け《だちんづ》」を営んでいたので、家には牛や馬がおり、15歳頃には自在に使いこなせるようになっていました。馬は生まれたばかりの仔馬の頃から面倒見ると、よく言うことを聞いてくれてかわいいもんでしたよ。

体が流星のように真っ白な白ヅラという馬がいて、他の人が手綱を引っ張ってもうんともすんともいわない。そこで、ばばがいくとカッタ、カッタと歩き出すんです。親の言うことはよく聞くものなんだと、うれしく思ったものでした。

当時、子どもは大事な働き手だったので、12歳で尋常小学校を卒業したあとは、上の学校に行くことなく山や畑の仕事をしていました。

子ども心に「学校にも行きたいな」とも思いましたが、学校に行かずとも働き者の両親のおかげで、生きていくための術、へこたれないたくましさを教えられた。時代がどう変わろうと何が起ころうと困ることなく、あるもので工夫して暮らしていける力が備わったのだろうと思います。

おばばの知恵

・旧暦の5月の節句（新暦では6月13日頃）にヘビイチゴを食べると流行病にかからない。

・はじめてわらびを見たとき、摘んで両足にこすりつけるとヘビに噛まれない。

・食べられる草の見分け方は「虫が食っているか」どうか。

椎葉を離れて大阪に行った経験は一生の宝。
でもやっぱり山がいちばんいい。

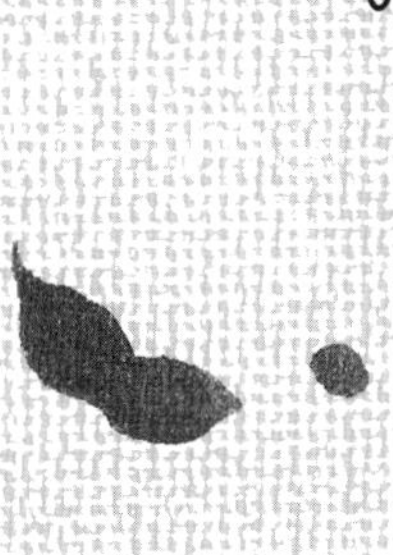

一生に一度の大阪生活

これまで一度だけ、長い間椎葉村を離れたことがありました。

尋常小学校を卒業したばかりの頃、近所の人が大阪の紡績工場での働き手を募集しにきたんです。

姉さんたちはさっそく応募し大阪へ出かけていき、それを見てうらやましくてね。人より好奇心旺盛な子どもでしたから、外の世界はどんなんだろう、という興味は尽きませんでした。

お父さんは「まだ小さいんだから」と反対しましたが、はやる気持ちを抑えることができずに、姉さんたちの後を追って大阪に行くことを決めました。

さあ明日出発という日、気づいたら着ていく着物がない。「そういえばお父さんが反物を買っていた」と思い出して布を断って夜通しかけて着物を縫いました。

尋常小学校の6年間で、着物をちゃんと縫えるようにまで教えられていましたから。

新品の着物を着て、椎葉の山を下りて、初めて乗る汽車で向かった大阪。紡績工場での仕事は外国から来る泥綿を機械に入れて、木綿糸をつくる作業でした。ばばは仕事を手早く進めないと気が済まない性分だったから、ひとり6台の機械を操作するところを8台使っていました。「クニ子さんは手際がいい」と褒められ、毎日が楽しく、充実しておりました。

休憩時間や仕事終わりには先輩方がキツネうどんや親子うどんを食べさせてくれ、「世の中にはこんなおいしい食べ物があったと?」と見るものすべてが驚きの連続でした。このまま大阪にずっといてもいいと思うこともありましたが、お父さんから毎日のように電報が来るのです。「早く家に帰っておいで」と。

会社の方からは、「お父さんがこれだけ心配しているのだから、クニ子さん、早く帰らにゃあ」と言われていましたが、「いや、帰らんたい」と断り続けていました。

けれど、お父さんが心配している通り、働く環境は決してよくありませんでした。綿ぼこりや粉じんが工場内中に舞い上がり、長くいたら肺炎になっていたかもしれません。お父さんの強い説得もあって、1年で帰ることになりました。

ひとりで汽車に揺られ帰途についていると、売り子さんが「アイスクリーム」を売りにきました。

「クリームって顔につけるものかいな？」と思い聞くと、食べるものでした。買ってみたらそれは甘くて、ほっぺたが落ちそうなくらいおいしかったことを覚えています。

変わっていく窓の景色が、見慣れた山の風景になってくると、ようやく「故郷に戻ってきたと」とほっとした気持ちになり、汽車の終点駅に着いた頃には、すっかり寝てしまっていました。

駅の大将から起こされて、外を見るともう真っ暗。どこかに泊まろうかと思っていると、お父さんが迎えに来てくれていました。峠の山越えをしてきたから、それは遠かっただろうに。

家に戻ったら村の人たちが「よう連れ戻した。そうじゃないと死んで帰っとった」と胸をなでおろしていました。

確かに工場勤めで私の顔色は青草のように真っ青になっていましたから無理もない。朝から晩まで工場にいて外に出て散歩をすることもなかったですから。

大阪での1年は、すばらしい社会勉強になりました。今思い返してみても一生の宝です。

けれど、山暮らしに戻れば空気がきれいで、顔色もすっかりよくなりました。離れてみて、「やっぱり山が一番いいたい」としみじみと感じるばかりです。

そうしてここから先、ばばが椎葉の山を出て暮らすということは、一度もなかったのです。

秀行じいさんとはかけおちして結ばれた。
ときにはケンカもしたけど、
鳩の夫婦のように仲良くいつも一緒だった。

秀行じいさんとの暮らし

大阪から椎葉に戻ってからは、牛馬の世話から畑の種蒔き、雑草とり、収穫など、とにかくよく働きました。20歳を過ぎて年頃になってくると、嫁入りの話があちらこちらから聞こえてくるようになりましたよ。

ときは終戦間近でしたので、戦地に男性をとられて村には女ばかり。仕事が大好きで男と同じように働いていたばばは重宝がられて、5軒の家から「嫁に来てほしい」と縁談がありました。

顔の悪いばばがなぜだろうと思うけど、その頃は容姿端麗より仕事上手のほうが求められたのかもしれんね。

けれど縁談をいくつもらっても、ばばは主人になった秀行じいさんが大好きでした。

田植えの仕事をよく手伝ってくれていて、自分の荷物を運んだあとに、わざわざ山の上まで戻ってきて、ばばの荷物を持ってくれてね。ほんとにやさしくて仏さんのような性格で、器量も頭もいいすばらしい男でしたよ。

そんなばばの思いを知らずに、田んぼや山をたくさん持っている財閥の方が、毎日にように「クニ子を嫁に下され」と頼みにやってきました。

10日間通い詰めて来たので、お父さんが「クニ子、そこまで望まれているなら嫁に行くしかなかと」と承諾してしまったのです。相手の方が「明後日もらいに来るたい」というもんだから、ばばと秀行じいさんは2人して矢切の渡しで川を越え、熊本まで逃げました。

すべての事情を知っていた秀行じいさんの実家の両親は「一度嫁に行って、気に入らんと追い出されたら秀行がもらうけ」とまで言ってくれましたが、ばばはそんなことをするより、すぐにでも一緒になりたかった。

行き先は私の祖父の弟のところ。百姓をやっており、ばばも秀行じいさんも働き者でしたから、とても喜ばれました。楽しく数日過ごしていたら、迎えがきて、ようやく実家のお父さんも許してくれたのです。

昭和20年、22歳のときに晴れて好きな人と結婚できたのは幸せでした。

鳩の夫婦と一緒

しかし、それから先が大変ですよ。

秀行じいさんは長男でしたので、家には4人の小さな弟、妹がいて、私たちの子ども6人の大家族。舅お父さんが51歳の若さで亡くなってしまったので、夫婦2人で家を切り盛りしなくてはいけませんでした。

夫は温厚な人でしたから、どちらかといえばばばがくるくると動いて、同時に口も動く。お互い足らない部分を補える仲のいい夫婦だったと思います。

ただ、秀行じいさんはお酒が好きで、焼酎が入ると人が変わったように声を荒げる。ばばも口では負けませんから、大きな声で口ゲンカをするときもありました。

昔のおなごは主人に文句を言わず黙って仕えるのが当たり前だったかもしれませんが、ばばは言いたいことは言う。思ったことを心のうちに溜め込み、じっと堪えるばばではないですよ。

焼酎を飲んでいない素面《しらふ》のときに「父ちゃん、酒入ったからというて、ほっぽうほうらい（言いたい放題）言ったらだめたい」とばばが小言を言うと「しょうがないにゃあわい。おらんが言わんと焼酎が言わすと」と笑い話にしていました。

だからか、夜に口ゲンカはしても、翌朝はきれいさっぱりいつものように2人で山に出かけていました。

鳩の夫婦と一緒たい。毎日、昼も夜も2人は一緒におるからね。

秀行じいさんは、軽い脳梗塞にかかったあとも酒がやめられなくて、5年前に他界してしまいました。

大変なことがあっても、2人一緒だったから乗り越えていけた。ばばはずっとそう思っています。

おばばの知恵

・言いたいことはしっかり言い合う。
・口ゲンカしても翌日はきれいさっぱり忘れる。

山のなかで暮らす術を、
親から子へ、子から孫へと伝えていかないと
ご先祖様に申し訳ない。

世渡りできるよう仕事を仕込む

ばばがお嫁にいった昭和20年は終戦の年。日本中に食べるものがなくなった苦しい時代に入ったときに、大家族を養っていかなくてはいけませんでした。

昔は子だくさんの家が多く、お姑さんと嫁さんが一緒にお産したり、お姑さんが嫁さんよりあとに出産したりもしていたんですよ。

ばばが嫁いだところも、夫が11人兄弟の長男だったので、2歳、5歳、小学校1年、小学校3年の弟や妹がいました。

そして不幸にも結婚して4ケ月で舅お父さんが亡くなってしまったため、姑お母さんは44歳の若さで後家さんになりました。一家の主は当時23歳の夫に任されたものの、大家族を養うにはばばも一緒になって働かないと食べていけません。

戦後の食料不足真っ盛りでしたので、焼畑でそば、ひえ、あわなどを、常畑で野菜をつくって何とか食いつないでいく毎日。

朝は暗いうちに起きて、荷物をかついで山を3回ほど往復してから朝ごはんを食べ、また山や畑に仕事に出かけます。牛、馬の世話があったのでいったん昼に帰り、そのあと日が暮れるまで働きづくめで、ときには夕食を食べてから畑に出ることもありました。

子どもは1男5女を授かり、さらに夫の弟、妹を含めると合計で10人。ばばが男並みに働かないと家がまわっていかなかったので、子育てや食事の仕度などの家事は、姑お母さんにお願いするしかありませんでした。幸い、気のやさしいお義母さんでしたので、随分と助けてもらいました。

ばばは家にほとんどいなかった母親でしたが、子どもに対しては厳しかったかもしれないですね。昔の子はみんな元気いっぱいのやんちゃだったので、叩かんと言うことを聞かないった。

叩くなら、腰より上はだめ。尻を叩きました。良いことをしたら、「よくがんばった」と大手を広げて褒め、悪いことをしたら女の子でも尻を叩くという、はっきりとした子育てでした。

食事のときは、囲炉裏端を囲んで、大家族みんなで一緒に食べとても賑やかなものでした。

全員が囲炉裏の前に座りきれないから、子どもたちは大人の輪の外側に膝を立てて食べたものでした。今は子どもが何をおいても最優先という家が多いようですが、昔は大人と子どものすみ分けがきちんとあったんだろうと思います。

子どもたちが大人になっても世渡りできるように、鋤での土のおこし方や種の蒔き方など手から手にとってしっかりと教えました。

山のなかで暮らす術を、親から子へ、子から孫へと伝えていかないとご先祖様に申し訳ないと常に思っていました。

ばばが子どもにガミガミ小言を言うかたわらで、夫の秀行じいさんは、口数が少なく悠然としていました。

子どもたちはばばよりお父さんのほうを尊敬していたし、怖がっていたと思いますよ。親は片方が口うるさくて、片方がでんと構えていたほうが、子どもにとってはよいのかもしれないね。

クニ子おばばのお産と子育て

大家族は大変ですが、やはり6人もの子に恵まれたのは幸せなことでした。ばばのお産はというと、病院ではなく、すべて自宅で産みましたよ。ただし、三女のお産のときは特別でした。

臨月を迎え陣痛がはじまったときに、たまたま家に大人が誰もいなかったため、ひとりで出産するしかなかったのです。

激しい痛みが襲ってきたり、和らいだりと、陣痛には波があり、痛くないときに、「実家のお母さんと姑お母さんが手伝いに来てくれたら、食ぶるものがないけ」と、からいも（さつまいも）を炊いたりして準備にとりかかりました。

次第に陣痛が連続でおこりはじめたので、姑お母さんを呼びに子どもを使いに出そうとしたのですが、「どうやったって間に合わん、ひとりでやるしかない」と思いました。

ばばはさっそく、出血した際に畳が汚れないよう、寝床に藁のむしろを敷き、布団を丸めてくびって（結んで）枕にして、湯を入れたたらいをそばにおいて用意をしました。

陣痛の間隔が短くなり、いきんでいるうちに赤ちゃんが大きな産声をあげて出てきました。へその緒を切り、赤ちゃんをたらいの湯で洗って、着物にくるんで一緒に寝ていたら、両方のお母さんが帰ってきました。２人は「ようひとりでがんばった」と涙を流して喜んでくれました。

出産したあとは、体を休めるために１週間床に寝たままの生活で、白米のおかゆさんと梅干しを食べて過ごします。そうすると、産後の疲れはすっかりとれて、すぐに日常に戻れるのです。

体は小さいがよく食べる大食いだったので、母乳はよく出ました。母乳がすぐ出ない人は、山フキの根を叩いて出てきた汁をガーゼに浸して、赤ちゃんに吸わせたりしていました。これは「邪鬼《じゃく》下《くだ》し」といって、からだに溜まっていた毒素を外に出す効果があると言われています。

今のように離乳食をわざわざつくることなく、柔らかいごはんを食べさせたり、おつゆを薄めて飲ませたりと、大人の食事に少し手を加えるくらいの簡単なものだったので、楽な子育てでしたね。

第3章

生きる知恵、無駄のない暮らし

魚や肉はあんまり食べんね。
雑穀ばっかりのごはんのおかげで、
何も苦労せず健康でいられる。

雑穀が体を強くする

ばばが89歳になっても、元気に山菜を採ったり、山を歩いたりできるのは、雑穀ごはんのおかげかもしれないね。

振り返ってみると、私たちが米ばっかりのごはんを食べることは、お盆とお正月以外、ほとんどありませんでした。

とくに子育て中は、食べ盛りの子どもたちのお腹を満たすため、米と一緒に炊くと増えて腹持ちがいい「ひえがゆ」が多かった。

ひえがゆは鍋に米とひえ、水を入れ、しゃもじでぐるぐると混ぜ、沸騰させてしばらくしたら、水分をいくらか捨てて、火をとめて蓋をして蒸してつくります。上澄みの水は捨てずに、栄養があるので、馬や牛にあげることもありました。

そのほかにもひき割りのトウモロコシや麦、あわなどを入れて炊き、まさに雑穀がばばたちの主食でした。

昔は白米だけのごはんが贅沢品で、雑穀は格が落ちるように思われていたけれど、今ではすっかり健康食としてもてはやされています。

知らず知らずのうちに子どもの頃から食べていた雑穀が、ばばの体を強くしてくれたのかもしれないね。

ばばの食事は特別なものはなんにもなくて、雑穀ごはんと煮物と漬物ぐらいです。野菜類が好物で、今でもうちで栽培している野菜はすべて無農薬です。息子の嫁のミチヨが親戚から堆肥をもらって、手間をかけて育ててくれています。

肉と魚はあまり好きではなくて、このあたりでは鹿やイノシシが食卓に出ることがあるけれど、ばばは時々しか口にしなかった。

昔は大食いのクニ子と言われて、食べる量も多かったですが、最近は、朝と晩の2回で充分。ポケットにはいつでも飴を入れていて、山にいても家にいても口がさびしいなと思ったら舐めればそれで満足です。

96歳まで長生きしたお父さんも、ごま塩をかけたひえごはんしか食べず、「栄養失調にならんもんかな」と心配しましたが、食が細いほうが寿命が長いんだろうかと思ったりもします。

大切な〝食《じき》よけ〟の習慣

食料不足の厳しい時代を生きてきたこともあってか、あれを食べたい、これを食べたいという気持ちはあまりないんです。そのときあるものをいただければ、幸せと思えるのは得かもしれないね。

ばばは夏でも冷たい飲みものは口にしたくないので、牛乳は温めて飲みます。温かいものといえば、お茶は常に飲んでいます。自分たちでこしらえたヨモギ茶、山茶、ゲンノショウコなどを湯呑みになみなみと注いで、茶菓子をつまみながら過ごすのが、ばばの憩いの時間です。

そして、昔からよく言われてきたのが「親が死んでも食《じき》よけはせえ」ということ。たとえ親が死んでも食後はゆっくり休まないとだめですよという意味で、すぐに動くと消化によくないし、胃腸にも負担をかけるんでしょうね。

ですから私は食べるのもゆっくり、食べたあともゆっくり。食事には1時間以上はかけてのんびり過ごしています。毎日、どんなに忙しくても食事の時間くらいゆったり構えることが健康の秘訣かもしれません。

おばばの知恵

・ひえ、ひき割りのトウモロコシなどの雑穀を常食。
・夏でも冷たいものは避け、自家製の野草茶を飲む。
・食後ゆっくり休む「食よけ」の習慣。

常備してあるひえ、ひき割りとうもろこし、あわなどの雑穀

白米とひえを一緒に炊いたひえがゆ。ひえを入れることで増量され、腹持ちもよい。

第３章

生きる知恵、無駄のない暮らし

焼畑の跡地。
地力が回復し自然本来の力がよみがえる。

菜豆腐、わくど汁、煮しめは、
昔から山のごちそう。

椎葉に伝わる伝統料理

椎葉にはご先祖様の代から受け継がれている伝統料理がいくつかあります。

そのひとつが「煮しめ」です。

春の奉射祭などの祭事、祝い事、仏事のときには欠かさず出される料理で、一般的にいうと野菜の煮物。家庭によってそれぞれの味があり、煮しめを上手につくれる嫁は、とくに褒められたものです。

煮しめに欠かせない食材といえば「干したけのこ」です。椎葉の山には、サンチク、シロメ、ハチクなど、8種類のたけのこがあり、そのうち7種類を干したけのこにして保存しておきます。

春を迎え、たけのこがいっせいに生えてくると、ばばは籠をかついで収穫に出かけます。

椎茸・ゼンマイ・たけのこを干して保存食として常備。
干すことで旨みも凝縮され栄養価も増す。
それらでつくる煮物は椎葉村のごちそう。

お祭りや冠婚葬祭など、人が集まる時に家庭でつくられていた椎葉の郷土料理。
大豆が貴重だった時代、少しでも大きな豆腐にするために、
野菜などを入れていたそう。
春先には菜の花や藤の花を入れたりする。

マダケやハチクなどは、手で採ることができますが、モウソウダケは茎が太いのでクワで土を掘りながら、よっこらしょと抜いていきます。背負った籠にたけのこがたくさん入ると、それは重くて大変だけれど、ばばが仕事をしないと唯もたけのこを食べられないもの。

採ってきたたけのこは、皮をむいて大釜で湯がいて、熱いうちに湯からあげて天日干しにします。そうすると、白い粉がふかずにきれいなたけのこになる。湯がいたあと冷めるまで鍋に入れたままにしておくと、粉がふいてしまうものです。

ばばのところでつくった干したけのこをお土産に買って帰った方がいて、人に渡したら「スルメイカだと思った」と勘違いしたという笑い話があります。

干したけのこは、湯で戻せばすぐに調理に使え、きんぴらなどの炒め煮にしてもシャキシャキとしておいしくて、使いやすい干し野菜です。

煮しめには、干したけのこ以外に、山の原木で育てた肉厚の椎茸でつくった干し椎茸や干しゼンマイ、そして焼畑で栽培した平家だいこん（地だいこん）を入れることもあります。

だしはイリコと干し椎茸でとり、醤油と砂糖で調味していきます。つやよくふっくらと煮あがった煮しめは立派なごちそうで、祭事のときでなく普段もときどき食べています。

節約の知恵・菜豆腐

また、昔の人の知恵から生まれたのが「菜豆腐」です。

山で生きる人間にとって豆腐はごちそうであり、大事なたんぱく源でした。お客さんが来たとき、豆腐を出してもてなすと喜ばれ、当時貴重だったイノシシの肉と同じくらいの価値がありました。昔は豆腐も手づくりで、焼畑で育てた大豆とにがりで豆腐箱に固めてこしらえ、多いときは、ひと箱で70人分を3箱つくったこともありました。

椎葉の豆腐は、お箸では簡単に切れないくらいかたくて、手でひきわって食べて

焼畑で採れたそばを使ってつくる
椎葉の伝統料理「わくど汁」。

おばばのレシピ

わくど汁

干し椎茸とイリコでとったダシに、にんじん、だいこん、ごぼうなどを入れ、野菜に火が通ったら味噌を溶く。

ボールにそば粉を入れ、水を少しずつ加え、箸で回しながらゆるめに固まるまで練っていく。味噌汁が沸騰する直前（約80℃）に練ったそば粉をスプーンかおたまで、ひと口大分をすくい、味噌汁に入れていく。団子が浮き上がって火が通ったら出来上がり。

いたから昔は「ひきわれ」と呼んでいました。

若いときからばばは豆腐が大好きで、行儀が悪いかもしれないけれど、ちぎって食べていました。

豆腐の違った食べ方として親しまれてきたのが「菜豆腐」。大豆を節約するために野菜をたっぷり入れた野菜豆腐で、ニンジンやかぶ、からし菜、旬の時期には山藤の花などを入れると、彩りがきれいになります。自家製のゆずこしょうをつけると、味がしまっておいしいですよ。

そばでつくるわくど汁

もうひとつ、焼畑の恵みからつくるのが「わくど汁」です。

そば粉の団子が入った味噌汁で、「わくど」というのはヒキガエルのこと。練った団子が火にかけた汁のなかで、カエルが泳いでいるように見えたことからつけられた名前です。

なかには、「本当にカエルの肉を使った汁なんですか」と心配して食べたがらない方もいましたが、ばばが説明すると、ほっとされていました。

わくど汁は子どもの頃から食べていましたが、お母さんがつくったそばの団子がボソボソしておいしくなかった。そこでばばは、練ったそば粉を入れる際に、汁を沸かし過ぎず、80度くらいで生煮えさせると、ほどよい柔らかさで味がよくなりました。

焼畑でつくったそばは、とても香りがいいので、わくど汁だけでなく、「ごきだて」（そばがき）として食べても、たまらないおいしさです。

・たけのこを湯がくときには、熱いうちに湯からあげて天日干しにすると、白い粉がふかずにきれいなたけのこになる（湯がいたあと冷めるまで鍋に入れたままにしておくと粉がふいてしまう）。
・干したけのこは水ではなくお湯で戻し、そのまま火にかけて沸騰させて煮ると、シャキシャキ感が残りつつ、柔らかくなる。

お客さんをもてなす〝茶おけ〟は
欠かさないように。
この習慣には節約の知恵が
隠されているんですよ。

茶おけでもてなす

近所の人やお客さんが家にいらしたときに、お茶を出すでしょう。ふつうは一緒にお茶うけとして「塩気」（漬物）なんかを添えたりするだろうけど、椎葉ではそれだけでは足りません。

昔から「茶おけ」といって、だご（団子）や餅、または里芋、からいも（さつまいも）、果物など、お腹に溜まるものを出すのが習慣でした。

というのも、1日の合間に茶おけで空腹を満たしておけば、夕食のごはんがいつも3杯食べていたところが2杯で満足する、2杯のところを1杯で済むというように、米を節約することができます。そんな知恵から生まれた茶おけは、力仕事でお腹をすかせた働き盛りの百姓の助けになってくれていました。

ばばたちは春や夏など仕事が多い時期だと、朝ごはんの前に畑の草を刈りにいき、帰ってきてから、いもなどの茶おけでお腹を軽く満たしてからごはんを食べ、米の減りを抑えていました。

大事な米をすぐに切らしてしまうと、「家持ち（主婦）がやりくり下手だから」と言われてしまうので、3度の食事の前後に茶おけをうまく入れて、食べ物を調節するのが家持ちの役目でもあったのです。

朝から晩まで農作業をしていると、とにかくお腹が空くので、1日5回ほどは食べていました。

昼食のあと、2時頃には「二晩飯」といって簡単なものを口に入れ、夕飯までしのぎます。夕食のあとも、繕いものや家事などの仕事があるときは茶おけを食べてから、床についていました。

今は、昔のように団子やいもなどの茶おけは出さなくなりましたが、旬の時季にまとめてつくるしょうが糖や自家製の漬物など、手づくりの茶おけで、お客さんをもてなす心持ちは変わりません。

お茶と茶おけがあれば、世間話や、家の心配事などを気兼ねなく話し、心を通わせる時間が潤います。

おばばの知恵

・3度の食事の前後に茶おけをうまく取り入れてやりくりをする。
・いつでもお客さんをもてなせるよう、茶おけの準備をしておく。

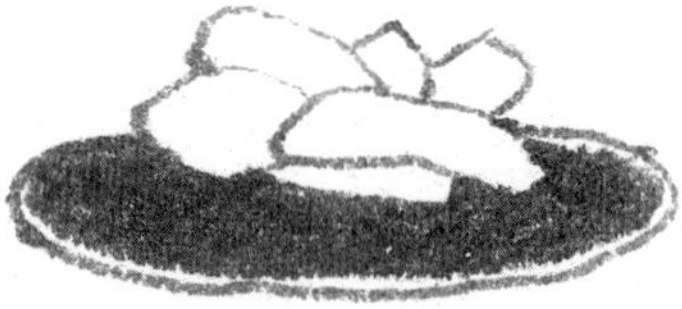

おばばのレシピ

しょうが糖

①しょうが1kgを洗ったあと皮をむいて薄くスライスし、米のとぎ汁に一昼夜つけておく。

②翌日、ざるにあけ、鍋にしょうがと砂糖1kg入れて、しょうがの水分が出て沸騰するまで強火で炊く。沸騰したら弱火にして、水分にねばりが出てきたら、ざるにあける。

③広げた新聞紙に砂糖を敷き、その上にしょうがを並べて砂糖をまぶす。しょうがが熱いうちでないと砂糖が均等につかないので手早く行う。これを天日干しにし、カリカリになるまで乾燥したら出来上がり。

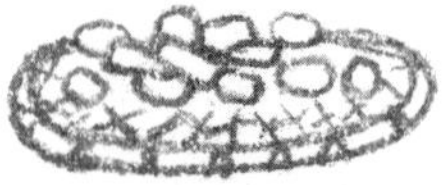

＊雨の日が続いた場合は室内で陰干しをして乾燥させてもよい。

山でも家でも、きれいな仕事をせんと
気が済まんかった。
そのためには道具も
大切にしないとね。

仕事は手早くきれいに

ばばは山道を歩いているときでも、背が高く伸びきった草が道を遮っているのを目にすると、クワでどんどん切っていくので「クニ子が通ると道がきれいになる」とお父さんによく褒められました。

なぜかといわれても、それは生まれもった性分で、散らかっていると落ち着かない。仕事はさっさとせにゃあ、気が済まない性格です。

手早く、きれいな仕事をするのが仕事上手。

昔の人は「はやかっどう、わるかっどう」という表現で「仕事は速いに越したことはないけれど、雑な仕上がりではだめですよ」と戒めていました。

春先にウドやワラビを採ったあと、皮をむいたりワタをとったりするときも、あたりに広げすぎず、無駄なく動けるように考えて、収穫した作物や道具を置いていきます。仕事というのはがむしゃらにやればいいというものでもなくて、段取りよく進めないと、うまくいきません。

家事にしても、理にかなった進め方をしたほうが、きれいな仕事ができますよ。たとえば、洗い物をするとき、水きり籠に同じ大きさの茶碗やお椀を重ねていったほうがたくさん食器をのせられると思いますが、それだと上の茶碗が重なったままで乾きません。

ひとつ、ひとつずらしてのせると、短い時間でぴしゃっと乾きます。細かいことですが、きれいな仕事ができると、家を切り盛りしやすくなります。

仕事が段取りよく進むように、ばばたち百姓は道具も大切に使いました。クワやカマは使う直前に必ず砥石で丁寧に研いでいきます。研いでから一昼夜おいてしまうと切れが悪くなってしまう。山にも砥石を持っていって、草取りや作物を刈る量が多いときは、そのつど研いだりしていました。

大事に長く使えるように手入れは怠りませんでした。広い畑でうっかり失くさないように、ひえちぎり包丁（ひえを刈るための専用の包丁）なんかは持ち手のところに赤い布をまいて印をつけていました。

また、翌日も同じ場所で仕事をする際は、刃物を置いていくこともあり、そんなときは、山の神様と水神様に「今日はこのクワとナタを置かしてください」ときちんとお願いをしておきます。

〝切れもの〟を断りなく置いたままにすると、あくる日に使うとき禍があるかもしれませんから。土をかぶせて見えないようにしてから、山を下りたものでした。

秀行じいさんのたかきびほうき

家事の道具としては、ばばはほうきを大事にしているんですよ。それは亡き秀行じいさんがつくってくれた「たかきびほうき」。

桃太郎さんのきび団子の「きび」の穂を干して束ねたもので、持ち手のところがおもしろいですよ。

ひもで下からくびっていくのですが、くびるひもの位置を順番に「福、得、貧乏」と呼び名をつけ、最後は福か得で終わるようにしないといけない。秀行じいさんは「得」で終わるようにくびっていました。

ほうきは昔から、「魔払いになる」と言われてきました。

こんな昔話があります。あるとき、亡くなった人が眠るお棺を猫が飛び越えたために、死んだ人が起き上がってしまいました。猫は「魔の動物」といわれていたので、悪いものがとりついたのです。

大人10人がかりで体を押して横に倒そうとしたけれどびくともしない。そのときに、ほうきで亡くなった人の体をさーっとなでたら、魔が取り払われ、もとのとおり眠りについたそうです。

だから、ほうきは大切です。

座敷にぽーんと投げ散らかして粗末に扱ってはいけないのです。「女がほうきをまたいだらお詫びをしないといかん」と言われたりしていましたから。

うちでは、たかきびほうきを魔払いとして玄関においてあります。秀行じいさんが守り神となって、災いを追い払ってくれている、とばばは信じています。

おばばの知恵

- 「段取りよく、手早く、きれいに」が仕事上手と心得ること。
- 仕事が段取りよく進むよう道具を大切にする。
- ほうきを玄関におくと魔払いになる。

ものはめったに捨てたことがないよ。
知恵をしぼれば、
どこまでも使い道はあります。

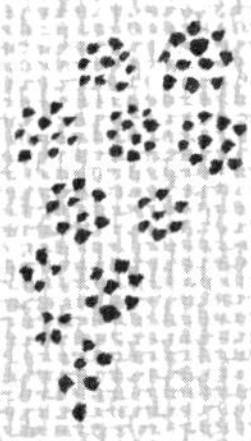

捨てずに生かす仕事上手

標高900mあるばばの家は、村の灯りはもちろん、外灯もあまりないので、日が暮れると、それはもう真っ暗になります。

廊下や居間、台所など、あちらこちらの電気をつけたくなるものですが、無駄使いはしたくないので、できるだけ最小限にして、使わないときは小まめに消すようにしています。寝る前はほとんどのコンセントをはずすようにしてますよ。

昔、電気のない時代はランプを使っていて、灯油がないときは山から松の根っこを刈り取ってきて、たいまつを灯していました。戦時中の激動の時代を生きてきたから、電気を粗末にすると、申し訳ないと思ってしまいます。

ものは使い終わったからといって、すぐに捨てたりはしませんよ。

たとえば、ペットボトルは空になったらきちんと洗っておき、冬場に汲む大寒の水を入れる容器として、台所の床下に何本も貯めてあります。ペットボトルは持ち運びがしやすいし、人に水を分けてあげるときも便利。

民宿でお客さんに出す割り箸が入っていた箸袋も汚れていなければ、集めてまた新しい箸を入れて使います。

お茶だって、飲み終えたら、お役目終了ということはありません。

茶殻は捨てずに溜めておき、ある程度の量になったら肥料に使います。お茶を小分けして入れていた茶パックは天日干しをして乾燥させたあと、座布団カバーに入れれば、クッションの役割を果たしてくれます。

トイレットペーパーを使い切り、芯だけ残ったのを見て「なにか使い道がないやろうか」と考えたのがイノシシよけ。芯にアルミ箔をまいて、いくつかを紐に通して木にくくりつけておけば、ピカピカ光って、イノシシが怖がってこなくなりました。想像力を膨らませて、あれこれ考えるのが好きなのです。

ばばたちが生きてきたものがない時代は、捨てるという発想があまりなかったように思います。

畳なんかもとても大事に使っていましたよ。

当時は車がなかったので、何畳もの畳を運ぶことができないわけですから、職人さんが藁を家に持ってきて、その場でこしらえていました。できあがった畳は冬の間中は冷えるので敷いていますが、旧暦の4月になったら畳を全部あげて、下の板張りの床で生活します。

この頃は、ちょうど茶摘みの時期なので、揉み終わった茶葉を乾燥させるために、板張りの床に広げるのが恒例でした。夏が過ぎ杉の収穫が終わる頃になると、再び畳を戻します。平成元年に民宿を開くときまで、続けていました。それくらい、畳を大事に大事にしていました。

ものがあふれている今の時代のよさもあるけれど、なければないで「捨てずに再利用してみよう」とか「ものに愛着がわく」気持ちが育まれて、それはそれでよい時代でもあったのだろうと思います。

100になって100こと習え。
いくつになっても、学ぶことがあるし、
おもしろいことだらけです。
なんぼ聞いて覚えたとしても
荷物にならんから。

ばばは歩く植物図鑑

山についてては、たまたま知識が豊富だったことから、「歩く植物図鑑」といわれ、学者さんや専門家の方がよく訪ねてきますが、ばばはまだまだ知らないことだらけです。

あるとき、民宿にいらしたお客さんと話していると「クニ子さん、あじさいは湿気とりになるんですよ」と教えてくれたんです。

それから梅雨の時期に咲いたあじさいを、何本か束ねて家の中につるすようにしたら、見た目もきれいで「これはいいことを教えてもらった」と、うれしく思いました。

また別の方がいらしたときは、トイレで用をたしたあと、必ず蓋を閉めるので「なんでですか？」と聞いたら「蓋をしめたほうが節電になるんですよ」とおっしゃいました。「本当にそうなの？」と疑うことなく、よいと思ったことはどんどん真似して実践していきます。

「100になっても100ことならえ」と昔の人がよく言っておりました。たとえ89歳になっても、学ぶことはたくさんあります。

幸いにも、民宿をやっているおかげで、老若男女、若い子からご年配の方、さまざまな職業の方がいらしてくださり、たくさんの勉強をさせてもらっています。10人が10人とも同じことは言わないので、「はじめて聞きました」ということがあっておもしろいですよ。

なんぼ聞いて覚えたとしても荷物にならんから。

知らないことに挑戦

ばばがこの歳になっても元気なのは、知らないことに出会うとわくわくする気持ちを持ち続けていられるからかもしれません。

好奇心旺盛なところは昔から変わらず、その性格のおかげで、これまで〝ばばの新発売〟をいろいろと生み出してきました。

以前までは保存食は伝統的に味噌でつくることが多かったのですが、味噌だと2年ほどしかもたない。もっと長く保存する方法はないかと思って、試してみたのが三杯漬けでした。お酢なら3年は持ちますからね。

ですから千枚漬けも昔は味噌漬けですが、今では酢漬けが主流になっています。

約30年前に開催された平家８００年祭のときは、朝市があり、椎葉の農家や店が商品を販売していました。

ばばも何か出そうと思って、家にたくさんあった、ひえ、あわ、米の穂を使った〝雑穀ドライフラワー〟を商品にしたらどうかと、知り合いの方に相談したら、「クニ子さん、それは売れますよ」と言われ、さっそくつくってみたんです。

そうしたら、観光のお客さんだけでなく地元の方も買ってくださり、飛ぶように売れました。

お祭りが終わったあとでも、玄関先に雑穀ドライフラワーを飾ってくださっているのを見て、「つくってよかった」と思いました。

何歳になっても新しいことに興味を持ち、実際に手を動かし、足を動かしてみると、楽しさが増えていきます。

ばばの見た目はしわくちゃですが、気持ちはいつまでも張りきって、若々しくいたいものです。

おばばの知恵

・あじさいを束ねて部屋に吊るし、おしゃれな湿気取りとして使う。
・「100になっても100ことならえ」の気持ちで好奇心を忘れない。
・味噌よりも保存が効く酢漬けを活用。

日本中どこを探しても
〝100点満点、上等〟はないですよ。
与えられた場所で精一杯生きることが、
その人の道だと思います。

ばばは365日営業中

いよいよ来年で90歳を迎えるばばですが、「その年齢とは思えないほどエネルギーに満ちあふれてますね」と、ひとさまから言われるほど、元気に動き回っています。

毎日だいたい7時半に朝食を済まし、春から秋にかけては、家の裏にある畑や山で山菜を採ったり、草取りをしたりと、こまごまと仕事をしています。焼畑や常畑は、息子の代に任せているので、ばばは誰に頼まれることもなくて、自分のペースで仕事ができるから、気ままでいいですよ。

たけのこを何本もとって、籠に入れて担ぐのが重くて大変でも、「誰もせえってあてたものはおらんとから（誰かにその仕事をやれと言われるわけではなく）、自分勝手にしよる」なんて、ひとり言を呟きながら、楽しく山仕事をしています。

外での作業が少なくなる冬は、昔だとひえ搗きをしたりと、百姓は百のことくらい仕事があるから、休みなく働いて大変でした。

今も、その名残からか、じっとしていられなくて、チラシを折り紙のように折って何重にも重ねるペン立てなんかをつくり、お客さんに販売したりと、〝ばばの新発売〟つくって、ばばなりに働いております。じっとしているのが、何よりも苦手ですからね。


何歳になっても山の暮らしは飽きないものです。

「日本中、世界中、どこにも100点満点、上等はどこにもない」

と、ばばは思っています。

ばばたちが住んでいるような山のなかは、交通の便が悪く、どこに行くにも時間がかかるし、町までは遠く欲しいものがすくに手に入らない、若い人にとっては遊び場所がないので退屈かもしれません。その代わり、きれいな空気とよどみのない湧水が、一銭も払わずにどこからでもいただけます。

以前、東京から夫婦がいらして「農業の勉強をしたいので奉仕させてください」とお願いされ、椎葉に1年間住むことになったんです。奥さんのほうがぜんそく持ちで、東京のどこの病院に行っても治らなかった。

ところが、ここで生活していたらあっという間によくなったから不思議です。その夫婦は、毎朝必ず決まった時間に、ばばの家にきて、一緒に畑に行って仕事を覚えてよく働いてくれました。1年の勉強を終えて帰ったあとには子どもができて、今は幸せに暮らしているそうです。

都会は都会のよさがあるけれど、それと引き換えに環境の悪さから体調を崩してしまったり、ストレスをかかえてしまったりと、失うものがあるかもしれません。

私自身も1年間大阪で働いて顔色が真っ青になって帰ってきた。

ものごとにはいい面と悪い面があるわけで、一方だけを見て不平不満を言ってはだめだと、ばばは思います。

どこにいても、それは人間の宿命だからね。環境を受け入れて、それぞれが持っている知恵を生かして生活していかなきゃ。

どんな場所に暮らしていても〝世渡り〟は厳しいですから。

まずは与えられた場所で、精一杯生きようと努力してみると、楽しみや幸せは増えていくのだろうと思います。ばばは、これまでどんなに大変なことがあっても、「起きてしまったことは変えられない」とあまり悩まずに突き進んできました。

〝疲れ知らずの原始おばば〟といっても、「年をとり、月をとり、日をとり」というように、年々衰えてはいますよ。人間も動物だから、年齢にも自然にも勝てはしません。人間として生まれたからには、どんな人でも一度は天国にあがらんと勤まらない宿命だから、「自然にまかせていけばいい」と思っています。

だから、ばばは365日営業中。体を動かさないときは口が動いているから、いつだって〝休みなし〟たい。

おわりに

ばばたちが、これまで「焼畑」を続けてこられたのは、毎年違う森を焼けるように、ご先祖様が広大な広さの山々を残してくれたからです。

1年目のそばは、焼いた直後の土に蒔くだけで成長し、2年目のひえとあわは、雑草がまだ小さい旧暦の4月、かたい土を好んで大きくなります。土が柔らかいと梅雨時期に大雨が降ったとき、芽が小さいので流されてしまいます。

3年目の畑は雑草がぼうぼうと茂っているけど、「小豆は、はこぶく8枚刺し通す」というくらい、勢いよく成長し、頭《こうべ》をたれて伸びていくので、周りの雑草をものともせずに突き抜けていきます。

4年目の畑は「地しばり」といって、まるい葉が這っているので、大豆は地上に出るときは豆ひとつで芽を出し、それから2つに割れて大きくなります。雑草を押しのけるように伸びていくのです。

こうやって、穀物ひとつとっても、それぞれに違った個性があって、違う道を通って生きている。植物は本当におもしろいとつくづく思います。地を這うミミズや、葉をつたうカタツムリ、機嫌よく声を山に響かせるホトトギス……。

虫や鳥、動物のすべてが自然の仲間で、人間もそのなかのひとつです。巡りゆく大自然の息使いを感じながら、暮らしていけるのは、本当に幸せなことです。

東京にも行ったことがありますが、高いビルやタワーを眺めるよりも、公園で桑の実を見つけたり、道端で「山オンバクや庭オンバクがあると」と驚いたり、ついつい自然に目がいってしまいます。

みなさんも、椎葉の山奥までに来なくたって、花がつぼみをつける姿を見て、風で木の葉が揺れ音を聞き、自然を身近に感じることができますよ。

〝原始おばば〟ほどまでいかなくても、植物や水、空や太陽の神様のことを、時折考えると、見慣れた世界が少しずつ違って見えてきます。

この本が、そのきっかけになってくれたら、ばばは本当にうれしいです。

椎葉クニ子

民宿焼畑

〒883-1603　宮崎県東臼杵郡椎葉村不土野 843
0982-67-5516（電話・FAX）

日本で唯一、伝統的焼畑を守り続けてきた椎葉家。焼畑でそば・ひえ・あわなどの雑穀を、毎年欠かさず作り続けてきた。椎葉では、古くから、森や野に生えるさまざまな野草を採取し、食べてきたが、そんな料理が味わえる宿。
ゼンマイやワラビ等だけでなく、ヒメジオン、ノカンゾウ、ゲンノショウコウ、ヤマゼリ、ウツギ、コシアブラ、藤や椿の花……季節折々の野草の世界を楽しめるほか、焼畑の産物を使った料理も味わえる。

【献立の一例】

・焼畑ソバの団子汁（わくど；z 汁）
・野草の天ぷら（ヒメジオン、ノカンゾウなど季節の草や花々、山栗など）
・伝統的な煮しめ（ゼンマイ、シイタケ、タケノコ、手作りコンニャク）
・ヤマメの塩焼き
・タケノコのきんぴら
・菜豆腐　（野菜の入った伝統的な豆腐）
・エゴマの千枚漬け、大豆の梅漬けなど、季節折々の漬物
・雑穀飯（焼畑で穫れたひえ・あわ）

WAVE 出版の既刊本

3刷

本当に大切にしたい日本の暮らし

中川誼美著　本体 1,400 円 + 税

本書で紹介する「大切にしたい日本の暮らし」

- ❖ 既製品を買わずにご飯をつくる
- ❖ 化粧しない美しさを大切にする
- ❖ 電子レンジより蒸し器を使う
- ❖ 掃除はほうきと雑巾を活用する
- ❖ 水と石けんで汚れを落とす
- ❖ 季節の野草風呂を楽しむ
- ❖ 天気予報より五感を活用する
- ❖ 綿布で髪の汚れを落とす
- ❖ 余白のある空間を大切に
- ❖ 伝統製法の調味料を選ぶ
- ❖ 冷暖房器具に頼らない
- ❖ 自分の足で情報を得る…など

椎葉クニ子（しいば・くにこ）
大正13年、宮崎県椎葉村生まれ。10歳の頃から親とともに焼畑をし、その中で豊富な野草の知恵を学ぶ。嫁いで63年間、毎年繰り返し続けてきた焼畑の活動が認められ、2005年、国土緑化推進機構により「森の名手・名人100人」に選ばれた。89歳の今も元気に野山を歩き野草を採集。草木・野草に関しては「クニ子博士」と呼ばれている。NHKスペシャル「クニ子おばばと不思議の森」で紹介され、大反響。国際エミー賞にノミネートされた。映画『森聞き』の主人公の一人でもある。

クニ子おばばと山の暮らし

2013年7月20日　第1版第1刷発行

［著　者］
椎葉クニ子

［発行者］
玉越直人

［発行所］
WAVE出版
〒102-0074 東京都千代田区九段南4-7-15
電話：03-3261-3713　ファックス：03-3261-3823
Eメール：info@wave-publishers.co.jp
http://www.wave-publishers.co.jp/

［印刷・製本］
萩原印刷

NDC590 175p 19cm ISBN978-4-87290-637-0